四川省工程建设地方标准

四川省既有玻璃幕墙安全性检测鉴定标准

Standard for safety performance testing and appraisal of existing glass curtain walls in Sichuan Province

DB51/T 5068 - 2018

主编部门：四 川 省 住 房 和 城 乡 建 设 厅
批准部门：四 川 省 住 房 和 城 乡 建 设 厅
施行日期：2 0 1 9 年 2 月 1 日

西南交通大学出版社

2019 成 都

图书在版编目（CIP）数据

四川省既有玻璃幕墙安全性检测鉴定标准 /四川省建筑科学研究院主编. —成都：西南交通大学出版社，2019.3
（四川省工程建设地方标准）
ISBN 978-7-5643-6716-9

Ⅰ. ①四… Ⅱ. ①四… Ⅲ. ①玻璃－幕墙－安全监测－地方标准－四川 Ⅳ. ①TU227-65

中国版本图书馆 CIP 数据核字（2019）第 003659 号

四川省工程建设地方标准

四川省既有玻璃幕墙安全性检测鉴定标准

主编单位 四川省建筑科学研究院

责任编辑	杨 勇
封面设计	原课书装
出版发行	西南交通大学出版社 （四川省成都市二环路北一段 111 号 西南交通大学创新大厦 21 楼）
发行部电话	028-87600564　028-87600533
邮政编码	610031
网址	http: //www.xnjdcbs.com
印刷	成都蜀通印务有限责任公司
成品尺寸	140 mm × 203 mm
印张	2.25
字数	58 千
版次	2019 年 3 月第 1 版
印次	2019 年 3 月第 1 次
书号	ISBN 978-7-5643-6716-9
定价	25.00 元

各地新华书店、建筑书店经销
图书如有印装质量问题　本社负责退换

关于发布工程建设地方标准《四川省既有玻璃幕墙安全性检测鉴定标准》的通知

川建标发〔2018〕1044 号

各市州及扩权试点县住房城乡建设行政主管部门，各有关单位：

由四川省建筑科学研究院主编的《四川省既有玻璃幕墙安全性检测鉴定标准》已经我厅组织专家审查通过，现批准为四川省推荐性工程建设地方标准，编号为：DB51/T 5068－2018，自 2019 年 2 月 1 日起在全省实施，原《既有玻璃幕墙安全使用性能检测鉴定技术规程》DB51/T 5068－2010 于本标准实施之日起作废。

该标准由四川省住房和城乡建设厅负责管理，四川省建筑科学研究院负责技术内容解释。

四川省住房和城乡建设厅

2018 年 12 月 6 日

前 言

根据四川省住房和城乡建设厅《关于下达四川省工程建设地方标准<既有玻璃幕墙安全使用性能检测鉴定技术规程>修订计划的通知》(川建标发〔2016〕669 号)文的要求，由四川省建筑科学研究院会同有关单位共同完成。

编制组进行了广泛的调查研究，进行了多次专题讨论，在认真总结实践经验的基础上，根据国家、行业有关规范、标准的要求，修订原规程。

本标准共分为 8 章和 7 个附录，主要技术内容为：总则，术语和符号，基本规定，玻璃幕墙材料的检测，玻璃幕墙构造和结构变形检查、检测，玻璃幕墙结构承载能力验算，鉴定评级，检测鉴定报告编写要求。

本标准修订的主要内容是：

1. 将标准名称由《既有玻璃幕墙安全使用性能检测鉴定技术规程》变更为《四川省既有玻璃幕墙安全性检测鉴定标准》。对原标准中与安全性无关的部分进行了删减或单列。

2. 对子单元的划分进行了调整。

3. 修改和细化部分条文，明确相关检测方法及依据。

4. 修改第 7 章安全性鉴定评级方法。

5. 将检测鉴定报告撰写内容独立出来，单独列为第 8 章。

6. 增加附录 A 既有建筑幕墙面板支承结构薄弱部位定位方法——振动测试法。

7. 增加附录 B 抗风压性能现场检测方法。

8. 增加附录 C 钢化玻璃表面应力测试方法。

9. 增加附录D中空玻璃结构安全隐患现场检测方法。

10. 增加附录F 幕墙拉索索力现场检测方法。

11. 增加附录G中空玻璃板中心受集中载荷后板中心间隔层厚度理论计算。

本标准由四川省住房和城乡建设厅负责管理，四川省建筑科学研究院负责对具体技术内容进行解释。在执行过程中如有意见或建议，请寄送至四川省建筑科学研究院（地址：成都市一环路北三段55号；邮政编码：610081；电话：028-83372185）。

主编单位： 四川省建筑科学研究院

参编单位： 四川省建筑工程质量检测中心
四川省建设工程质量安全监督总站
成都市建设工程质量监督站
四川省建筑金属结构协会
中国建材检验认证集团股份有限公司
四川省鑫川工程检测有限公司
四川广田方特幕墙科技有限公司
郑州中原思蓝德高科股份有限公司
四川华西建筑装饰工程有限公司

主要起草人： 陈述清 魏明宇 范 伟 贾 斌
田学刚 赖 伟 张剑峰 林 华
勾婷颖 林 东 陈家利 曹昭亮
万德田 刘小根 王 勤 隆志军
程 鹏 赵宁康

主要审查人： 罗苓隆 董 彪 向 学 章一萍
张 静 李学兰 刘建国

目　次

Contents

1 总 则

1.0.1 为科学、合理地评定既有玻璃幕墙的安全性，加强对既有玻璃幕墙的安全技术管理，制定本标准。

1.0.2 本标准适用于四川省行政区域内的既有玻璃幕墙安全性的检测鉴定。

1.0.3 既有玻璃幕墙的安全性检测鉴定，除应符合本标准规定外，尚应符合国家、行业及本省现行有关标准的规定。

2 术语和符号

2.1 术 语

2.1.1 既有玻璃幕墙 existing glass curtain wall

已建成的玻璃幕墙。

2.1.2 鉴定单元 appraiser system

根据既有玻璃幕墙的构造特点，按种类将其划分为若干个可以独立进行鉴定的系统，每一个系统为一个鉴定单元。

2.1.3 子单元 sub-system

鉴定单元中细分的单元。

2.1.4 构件 member

子单元中可以进一步细分的基本鉴定单位，它可以是单件、组合件。

2.1.5 构件集 member assemblage

同种构件的集合。

2.1.6 主要构件 dominant member

其自身失效将导致其他构件失效的构件。

2.1.7 一般构件 common member

其自身失效为孤立事件，不会导致其他构件失效的构件。

2.1.8 点支承玻璃幕墙 point supported glass curtain wall

由玻璃面板、点支承装置和支承结构构成的玻璃幕墙。

2.1.9 全玻幕墙 full glass curtain wall

由玻璃肋和玻璃面板构成的玻璃幕墙。

2.1.10 杆件体系 rigid member system

由刚性构件组成的支承结构体系。

2.1.11 索杆体系 cable and rigid member system

由拉索、杆件和刚性构件组成的支承结构体系。

2.1.12 检查 inspection

专业人员查勘，并确定其与特定要求的符合性。

2.1.13 检测 testing

进行一个或多个测试的活动。

2.1.14 试件 test sample

根据鉴定的需要抽取或选取的构件或组合件。

2.1.15 配件 fitting

起连接、密封或辅助作用的标准件。如：螺栓、螺钉、开启窗拉手等。

2.1.16 连接件 fastening

幕墙中构件与构件之间起连接作用的物件。如：转接件、角码、芯柱、压块等。

2.2 符 号

a_u，b_u，c_u，d_u——构件或零件的安全性等级；

A_u，B_u，C_u，D_u——子单元的安全性等级；

A_{su}，B_{su}，C_{su}，D_{su}——鉴定单元的安全性等级；

R——结构构件的抗力；

S——结构构件的作用效应；

γ_0——结构重要性系数。

3 基本规定

3.1 一般规定

3.1.1 既有玻璃幕墙的安全性检测鉴定，应符合下列规定：

1 幕墙达到设计使用年限拟继续使用时，应进行安全性检测鉴定。

2 幕墙工程自竣工验收交付使用后，每十年进行一次安全性检测鉴定。

3 建筑主体结构进行安全性鉴定时，幕墙宜同时进行安全性检测鉴定；建筑主体结构经鉴定存在安全隐患时，应对其幕墙进行安全性检测鉴定。

4 幕墙遭受强风袭击、地震、雷击、火灾、爆炸等灾害或事故后，应进行安全性检测鉴定。

5 幕墙在使用检查中发现安全问题时，应进行安全性检测鉴定。

6 对因局部因素引发的安全问题，如钢化玻璃自爆等，必要时可根据委托方要求进行专项检测鉴定。

7 其他原因需要对幕墙的安全性进行鉴定时，应进行安全性检测鉴定。

3.1.2 安全性检测鉴定应包括下列内容：

1 玻璃幕墙材料检测；

2 玻璃幕墙结构和构造检查、检测；

3　各连接件及配件检查；

4　整体及局部变形检查、检测；

5　玻璃幕墙承载力验算。

3.1.3　既有玻璃幕墙宜定期进行检测鉴定。定期检测鉴定的内容和时间宜符合现行行业标准《玻璃幕墙工程技术规范》JGJ 102的规定。

3.1.4　在幕墙安全性检测鉴定过程中发现的不涉及安全但影响幕墙正常使用的问题不纳入安全性鉴定评级中，但应在鉴定报告中予以反映。

3.2　检测鉴定程序及其工作内容

3.2.1　玻璃幕墙的检测鉴定应按下列程序开展：

1　受理委托，进行初始调查；

2　确定内容和范围，制订鉴定方案；

3　现场检查、检测；

4　承载力验算；

5　分析论证，安全性评定；

6　提出处理意见，出具鉴定报告。

3.2.2　初步调查应包括下列工作内容：

1　调查工程概况：包括建设单位、设计单位、施工单位、开竣工时间、工程结构形式等；

2　查阅设计资料：包括幕墙工程竣工图纸、现场技术核定单、结构计算书、设计变更记录等；

3　查阅工程质量保证资料：包括材料质量保证书、材料复验报告、隐蔽工程验收记录、工程质量检查记录等；

4 查询玻璃幕墙维修改造等记录及情况；

5 现场检查：包括按资料核对实物、调查玻璃幕墙实际使用条件和内外环境、听取有关人员的意见等。

3.2.3 幕墙安全性鉴定评级的层次、等级划分、工作步骤和内容，应符合下列规定：

1 安全性鉴定评级应按构件、子单元和鉴定单元分为三个层次，每一层次分为四个安全性等级，并按表 3.2.3 规定的检查项目和步骤，从第一层次构件开始，逐层次进行。

2 当仅要求鉴定某层次的安全性时，检测鉴定工作应当完成该层次规定的相关内容。

3 单个构件的划分应符合下列规定：

1）柱式构件：一层、一根为一构件；

2）梁式构件：一跨、一根为一构件；当为连续梁时，可取一整根为一构件；

3）索、杆：两个节点间仅承受拉力或压力的一根索、杆为一构件；

4）面板：一块为一构件；

5）结构胶：一条为一构件；

6）配件及连接件：一个为一构件；

7）单个构件应包括构件本身及其连接、节点。

表 3.2.3 安全性鉴定评级的层次、等级划分

<table>
<tr><td colspan="2">层 次</td><td>一</td><td colspan="2">二</td><td>三</td></tr>
<tr><td colspan="2">层 名</td><td>构 件</td><td colspan="2">子 单 元</td><td>鉴定单元</td></tr>
<tr><td rowspan="6">安全性鉴定</td><td>等 级</td><td>a_u、b_u、c_u、d_u</td><td colspan="2">A_u、B_u、C_u、D_u</td><td>A_{su}、B_{su}、C_{su}、D_{su}</td></tr>
<tr><td>幕墙与主体结构的连接</td><td>按表 7.1.2 检查项目评定单个构件等级</td><td>每种构件集评级</td><td>幕墙与主体结构的连接评级</td><td rowspan="5">鉴定单元安全性评级</td></tr>
<tr><td>幕墙支承结构</td><td>按表 7.1.2 检查项目评定单个构件等级</td><td>每种构件集评级</td><td>幕墙支承结构评级</td></tr>
<tr><td>面板系统</td><td>按表 7.1.2 检查项目评定单个构件等级</td><td>每种构件集评级</td><td>面板系统评级</td></tr>
<tr><td>幕墙防雷构造</td><td>—</td><td>—</td><td>幕墙防雷构造评级</td></tr>
<tr><td>幕墙防火构造</td><td>—</td><td>—</td><td>幕墙防火构造评级</td></tr>
</table>

注：防火及防雷构造的鉴定评级进行整体评定，不作构件及子单元评级。

3.3 检查、检测抽样规定

3.3.1 应根据检测项目的特点选择下列抽样方案：

1 对结构、构件材料的性能，当档案资料完整、齐全时，可仅进行校核性检测；符合原设计要求时，可采用原设计资料给出的结果；当缺少资料或有怀疑时，应进行详细检测。详细检测可按照本标准第 4 章和现行行业标准《玻璃幕墙工程质量检验标准》JGJ/T 139 的规定进行，必要时可加大抽样量。

2 对结构和构件的几何尺寸、节点与连接、防火、防雷，

当图纸资料完整时，可仅进行现场抽样复核；当缺少资料或资料基本齐全但有质疑时，可按本标准第4、5章和现行行业标准《玻璃幕墙工程质量检验标准》JGJ/T 139的规定进行抽样检测。

3 对结构、构件的变形，应在普查的基础上，对整体结构和其中有明显变形的构件进行检测。

4 对结构、构件的外观缺陷、损伤和腐蚀，宜进行普查并记录。

3.3.2 抽样应优先选择在临街、风口、日照强烈和发生过安全事故的部位，以及面板支承结构出现质量问题或松动等薄弱部位。

3.4 安全性鉴定评级标准

3.4.1 既有玻璃幕墙的安全性鉴定应分为构件、子单元和鉴定单元三个层次。每一层次分为四级。鉴定结果应以安全性等级表示。

3.4.2 玻璃幕墙的安全性鉴定应分为下列子单元：

1 幕墙与主体结构的连接；

2 幕墙支承结构：支承结构构件及其连接构造；

3 面板系统：玻璃面板及其连接构造；

4 幕墙防雷构造；

5 幕墙防火构造。

3.4.3 原则上应按幕墙种类和形式分鉴定单元。

3.4.4 既有玻璃幕墙的安全性鉴定评级的各层次分级标准，应按表3.4.4的规定采用。

表 3.4.4　安全性鉴定评级标准

层次	鉴定对象	等级	分级标准	处理要求
一	子单元中的构件	a_u	安全性符合本标准对 a_u 级的要求，不影响整体承载	不必采取措施
		b_u	安全性略低于 a_u 级的要求，尚不显著影响整体承载	可不采取措施
		c_u	安全性不符合 a_u 级的要求，已影响整体承载	应采取措施
		d_u	安全性极不符合 a_u 级的要求，已严重影响整体承载	必须立即采取措施
二	子单元	A_u	安全性符合本标准对 A_u 级的要求，不影响整体承载	可不采取措施
		B_u	安全性略低于 A_u 级的要求，尚不显著影响整体承载	可能有极少数构件应采取措施
		C_u	安全性不符合 A_u 级的要求，已影响整体承载	应采取措施，且可能有极少数构件必须立即采取措施
		D_u	安全性极不符合 A_u 级的要求，严重影响整体承载	必须立即采取措施
三	鉴定单元	A_{su}	安全性符合本标准对 A_{su} 级的要求，不影响整体承载	可不采取措施
		B_{su}	安全性略低于 A_{su} 级的要求，尚不显著影响整体承载	可能有极少数构件应采取措施
		C_{su}	安全性不符合 A_{su} 级的要求，已影响整体承载	应采取措施，且可能有极少数构件必须立即采取措施
		D_{su}	安全性极不符合 A_{su} 级的要求，严重影响整体承载	必须立即采取措施

4　玻璃幕墙材料的检测

4.1　一般规定

4.1.1　玻璃幕墙主要材料包括：铝合金型材、钢材、玻璃、硅酮结构密封胶等结构胶粘剂、配件及连接件。

4.1.2　玻璃幕墙材料的检查应包括下列内容：

1　材料的品种、规格、特征参数等与设计文件的相符情况；

2　主要构件的制作偏差、锈蚀和腐蚀、损坏等情况。

4.2　铝合金型材、钢材

4.2.1　铝合金型材的检查、检测宜包括规格、厚度、表面质量、表面防腐处理等。

4.2.2　钢材的检查、检测宜包括规格、厚度、表面质量、防腐处理等。

4.2.3　铝合金型材与其他金属接触部位不应有电化学腐蚀现象。

4.2.4　当有必要时，可选取适当部位按相关标准进行材料的力学性能检测。

4.3　玻　璃

4.3.1　玻璃的检查、检测宜包括品种、厚度、外观质量和边缘处理。

4.3.2 当需要对玻璃安装质量进行普查时，可按照本标准附录 A 进行薄弱部位排查。

4.3.3 当需要对玻璃幕墙现场抗风压性能进行测试时，可参考本标准附录 B 相关方法。当现场有需要时，可参考本标准附录 C 对钢化玻璃表面应力进行测试。当需要对中空玻璃因通透性密封失效进行检测时，可参考本标准附录 D 相关方法。

4.4 硅酮结构密封胶

4.4.1 硅酮结构密封胶的检查、检测宜包括外观质量、邵氏硬度、剥离粘结性能。

4.4.2 当幕墙使用超过十年或有需要时，应对硅酮结构密封胶粘结强度进行检测，检测方法可参考本标准附录 E。

4.5 配件及连接件

4.5.1 配件的检查宜包括外观质量、品种规格。

4.5.2 连接件的检查宜包括外观质量、品种规格。

5 玻璃幕墙构造和结构变形检查、检测

5.1 一般规定

5.1.1 玻璃幕墙构造应检查玻璃幕墙的典型分格、与主体结构的连接方式和主要构造等。

5.1.2 玻璃幕墙的现场隐蔽部分，应打开遮挡物进行检查和检测。

5.2 构造和变形的检查、检测

5.2.1 玻璃幕墙的构造节点检查、检测宜包括下列部位：

1 预埋件或后植锚栓与连接件的连接节点；

2 连接件与支承结构的连接节点；

3 支承结构的连接节点；

4 玻璃面板与支承结构的连接节点；

5 变形缝及墙面转角处连接节点；

6 开启部分构造节点；

7 全玻璃幕墙的玻璃与吊夹具连接节点；

8 拉杆（索）连接节点；

9 点支承装置的节点和配件；

10 幕墙四周与主体结构连接节点。

5.2.2 玻璃幕墙支承结构的整体及局部变形的检测应符合现行行业标准《玻璃幕墙工程质量检验标准》JGJ/T 139的有关规定。

5.2.3 索支承结构玻璃幕墙拉索索力，应采用可靠有效的方法进行检测，检测方法可参考附录 F。

5.2.4 玻璃开启部位应检查五金件的匹配性，固定和开关的灵活性以及使用过程中变形情况等。

5.2.5 幕墙防火及防雷构造的检测宜符合现行行业标准《玻璃幕墙工程质量检验标准》JGJ/T 139 的相关规定。

6 玻璃幕墙结构承载能力验算

6.1 一般规定

6.1.1 玻璃幕墙的承载力验算，应符合国家现行相关标准要求。

6.1.2 验算中采用的玻璃幕墙材料的力学性能应按实际情况取用。

6.1.3 玻璃幕墙构件和节点的验算模型应符合实际状态。

6.2 玻璃面板

6.2.1 点支玻璃与框支承的单片玻璃在风载荷和地震力作用下，玻璃最大应力和挠度按现行行业标准《玻璃幕墙工程技术规范》JGJ 102 的要求进行验算。

6.2.2 当玻璃幕墙为倾斜状态时，其面板承载力计算应计入重力荷载及施工荷载在垂直于玻璃平面方向作用所产生的弯曲应力。

6.2.3 中空玻璃板中心受集中载荷后的板中心间隔层厚度可参考附录 G 中方法计算。

6.3 支承结构

6.3.1 玻璃幕墙的立柱应根据实际支承条件，采用合适的计算模型进行结构承载力验算。

6.3.2 玻璃幕墙立柱因安装构造而产生压应力时，应进行立柱的偏心受压承载力验算。

6.3.3 横梁的计算模型应与实际受力相符。当横梁受力存在较大偏心时，还应对其受扭承载力进行复核。

6.3.4 杆件体系应验算在各种受力状况下的杆件强度、整体稳定性和局部稳定性。

6.3.5 索杆体系应验算在各种受力状况下的拉杆（索）强度、整体稳定和局部稳定，并验算拉杆、拉索的预应力，该预应力应保证索杆体系在各种受力状况下的强度和结构刚度要求。

6.3.6 带拉索的点支承玻璃幕墙计算分析时应考虑几何非线性。

6.3.7 全玻幕墙对变形控制较为严格，应对全玻幕墙结构中支承或吊挂全玻幕墙的结构构件的挠度进行验算和控制，其值不应超过跨度的 1/250。

6.4 幕墙与主体结构的连接

6.4.1 主体结构或结构构件，应能够承受幕墙传递的荷载和作用。连接件和主体结构的锚固承载力设计值应大于连接件本身的承载力设计值。

6.4.2 与玻璃幕墙构架连接的主体结构构件的受力验算，应考虑其可能受到的扭转作用。

6.4.3 玻璃幕墙构架与主体结构采用后加锚栓连接时，其锚栓的选用和受力计算应符合现行行业标准《混凝土后锚固技术规程》JGJ 145 的有关规定，其构造还应符合现行行业标准《玻璃幕墙工程技术规范》JGJ 102 的有关规定。

7 鉴定评级

7.1 构件安全性鉴定评级

7.1.1 构件的安全性鉴定，应按表 7.1.2 规定的检查项目分别评定每一受检构件等级,取其中最低一级作为该构件的安全性等级。

7.1.2 构件安全性能评级应参照表 7.1.2 进行。

表 7.1.2 构件安全性评级

<table>
<tr><th>构件名称</th><th>检查项目</th><th>a_u 级</th><th>b_u 级</th><th>c_u 级</th><th>d_u 级</th></tr>
<tr><td rowspan="3">结构构件</td><td>承载能力</td><td>$R/(\gamma_0 S) \geq 1.00$</td><td>$R/(\gamma_0 S) \geq 0.95$</td><td>$R/(\gamma_0 S) \geq 0.9$</td><td>$R/(\gamma_0 S) < 0.90$ 或当构件或连接出现脆性断裂、疲劳开裂或局部失稳变形迹象时</td></tr>
<tr><td>构造</td><td colspan="2">构件壁厚、长细比或高跨比、宽厚比或高厚比等符合国家现行相关标准规定；无缺陷，或仅有局部表面缺陷；工作无异常</td><td colspan="2">构件壁厚、长细比或高跨比、宽厚比或高厚比等不符合国家现行相关标准规定；存在明显缺陷，已影响或显著影响正常工作</td></tr>
<tr><td>不适于承载的变形</td><td colspan="2">实测变形符合国家现行相关设计或鉴定标准规定</td><td colspan="2">实测变形超过国家现行相关设计或鉴定标准规定,已影响或显著影响正常工作</td></tr>
<tr><td rowspan="2">玻璃面板</td><td>承载能力</td><td>$R/(\gamma_0 S) \geq 1.00$</td><td>$R/(\gamma_0 S) \geq 0.95$</td><td>$R/(\gamma_0 S) \geq 0.90$</td><td>$R/(\gamma_0 S) < 0.90$</td></tr>
<tr><td>构造</td><td colspan="2">玻璃品种、厚度、边缘处理等符合国家现行相关标准规定；无缺陷，或仅有局部表面缺陷；工作无异常</td><td colspan="2">玻璃品种、厚度、边缘处理等不符合国家现行相关标准规定;存在破损等明显缺陷，已影响或显著影响正常工作</td></tr>
</table>

续表

构件名称	检查项目	a_u级	b_u级	c_u级	d_u级
结构胶	承载能力	$R/(\gamma_0 S) \geqslant 1.00$	$R/(\gamma_0 S) \geqslant 0.95$	$R/(\gamma_0 S) \geqslant 0.9$	$R/(\gamma_0 S) < 0.90$
	强度	取样检测标准状态的粘结强度≥0.6 MPa	取样检测标准状态的粘结强度≥0.45 MPa	取样检测标准状态的粘结强度<0.45 MPa	
	硬度	邵氏硬度 20～60		邵氏硬度>60	
	构造	注胶宽度、厚度符合设计和标准要求；无脱胶现象或仅有局部表面脱胶；现场剥离检验为胶内聚破坏		注胶宽度、厚度不符合设计和标准要求；有脱胶现象或现场剥离检验出现非胶内聚破坏	
配件及连接件	承载能力	$R/(\gamma_0 S) \geqslant 1.00$	$R/(\gamma_0 S) \geqslant 0.95$	$R/(\gamma_0 S) \geqslant 0.90$	$R/(\gamma_0 S) < 0.90$
	构造	节点构造、连接方式正确，符合国家现行相关标准规定；构造无缺陷或仅有局部的表面缺陷，工作无异常		节点构造、连接方式不当，不符合国家现行相关标准规定；构造有明显缺陷，已影响或显著影响正常工作	

7.2 子单元安全性鉴定评级

7.2.1 幕墙与主体结构的连接、幕墙支承结构和面板系统子单元的安全性，应在该子单元专设的和参与该子单元工作的各种承重构件的安全性评级的基础上进行确定。

7.2.2 在代表层（或区）中，构件集安全性等级的评定，可根据该种构件集内每一受检构件的评定结果，按表 7.2.2 的分级标准评级。

表 7.2.2 构件集安全性等级的评定

等级	多层及高层房屋	单层房屋
A_u	该构件集内，不含 c_u 级或 d_u 级，可含 b_u 级，但含量不多于 25%	该构件集内，不含 c_u 级或 d_u 级，可含 b_u 级，但含量不多于 30%
B_u	该构件集内，不含 d_u 级；可含 c_u 级，但含量不应多于 15%	该构件集内，不含 d_u 级；可含 c_u 级，但含量不应多于 20%
C_u	该构件集内，可含 c_u 级和 d_u 级；当仅含 c_u 级时，其含量不应多于 40%；当仅含 d_u 级时，其含量不应多于 10%；当同时含有 c_u 级和 d_u 级时，c_u 级含量不应多于 25%，d_u 级含量不应多于 3%	该构件集内，可含 c_u 级和 d_u 级；当仅含 c_u 级时，其含量不应多于 50%；当仅含 d_u 级时，其含量不应多于 15%；当同时含有 c_u 级和 d_u 级时，c_u 级含量不应多于 30%，d_u 级含量不应多于 5%
D_u	该构件集内，c_u 级或 d_u 级含量多于 C_u 级的规定数	该构件集内，c_u 级或 d_u 级含量多于 C_u 级的规定数

7.2.3 各代表层（或区）的安全性等级，应按该代表层（或区）中各构件集间的最低等级确定。

7.2.4 幕墙与主体结构的连接、幕墙支承结构和面板系统子单元的安全性等级，可按下列规定确定：

1 A_u 级，不含 C_u 级和 D_u 级代表层（或区）；可含 B_u 级，但含量不多于 30%。

2 B_u 级，不含 D_u 级代表层（或区）；可含 C_u 级，但含量不多于 15%。

3 C_u 级，可含 C_u 级和 D_u 级代表层（或区）；当仅含 C_u 级时，其含量不多于 50%；当仅含 D_u 级时，其含量不多于 10%；当同时含有 C_u 级和 D_u 级时，其 C_u 级含量不应多于 25%，D_u 级含量不多于 5%。

4 D_u 级，其 C_u 级或 D_u 级代表层（或区）的含量多于 C_u 级的规定数。

7.2.5 防火及防雷构造的鉴定评级应根据其使用情况进行整体评定。

表 7.2.5 玻璃幕墙防火及防雷构造的评定等级

检查项目	A_u级或B_u级	C_u级或D_u级
防火结构构造	构造符合现行规范和设计要求	构造不符合现行规范和设计要求，存在安全隐患
防雷结构构造	构造符合现行规范和设计要求	构造不符合现行规范和设计要求，存在安全隐患

7.3 鉴定单元安全性评级

7.3.1 幕墙第三层次鉴定单元的安全性鉴定评级，应根据其子单元的安全性等级，以及与整幢建筑有关的其他安全问题进行评定。

7.3.2 鉴定单元的安全性等级，应根据本标准第 7.2 条的评定结果，按子单元中较低等级确定。

8 检测鉴定报告编写要求

8.0.1 检测鉴定报告应包含下列内容：

1 建筑物概况（其中应包含建筑物各责任主体的基本信息，玻璃幕墙各责任主体的基本信息，玻璃幕墙的施工、使用、维修和受灾的情况）；

2 鉴定的目的、范围和内容；

3 检查、检测、分析、鉴定的结果（其中应包含典型板块、构造图，图纸资料核查结果，材料检测结果，构造及变形检测结果，结构承载力验算结果，安全性等级评定）；

4 结论与建议（当有需要时，可对处理措施及再次鉴定的时间间隔提出建议）；

5 附件。

8.0.2 对安全性检测鉴定中发现的问题，应根据其严重程度和具体情况有选择地采取下列处理措施：

1 加固结构或构件；

2 更换构件；

3 停止使用；

4 拆除部分结构或全部结构。

附录A 既有建筑幕墙面板支承结构薄弱部位定位方法——振动测试法

A.0.1 玻璃幕墙面板振动测试法适用范围如下：

本方法适用于幕墙面板的支承结构如硅酮结构胶的粘结性能衰降、界面脱粘，松动等薄弱部位的定位。可用于幕墙安全检测中现场拆除取样部位的定位及检测幕墙面板整体坠落部位的定位。

A.0.2 振动测试法检测玻璃幕墙面板连接性能原理如下：

当幕墙面板物理参数和力学参数不发生改变时，用于支承、粘结、连接幕墙面板的材料及结构发生松动、损伤、脱粘时（上述统称幕墙面板支承结构薄弱部位），均会导致幕墙面板固有频率下降。通过对某一检测批次且材料物理参数、支承形式、形状尺寸完全相同的幕墙面板的固有频率测试，并对固有频率大小进行比较，以最小频率对应的幕墙面板位置来确定整个被检测批次范围内幕墙支承结构的最薄弱区域为准则。基于此方法，不仅可确定幕墙安全检测的取样部位的最佳位置，而且，通过对整个幕墙面板的固有频率进行测试，还可推测出最有可能出现坠落风险的幕墙面板位置。

A.0.3 振动测试法采用的检测设备性能参数如下：

1 加速度传感器：轴向灵敏度：0 ~ 50 mV/g；测量范围：100 g；频率响应：0.5 ~ 5 kHz。

2 数据采集系统：最高采样频率：高于 51.2 kHz；A/D 分辨

率：24 位；动态范围：120 dB；输入量程：± 10 V；总谐波失真：小于 0.02%；通道见串扰：－100 dB；输入阻抗：大于 10 MΩ。

A. 0. 4 振动测试检测玻璃面板连接性能可参考如下方法及流程：

1 与委托方协商确定，选择检测幕墙面板区域，按规格、支承形式、尺寸相同的幕墙面板进行检测批次划分。

2 采用振动测试仪，对选定批次的幕墙面板的固有频率进行测试：a）确定隐框幕墙硅酮结构胶胶粘结薄弱区域时，测量直接与铝合金框架粘结的那片玻璃的固有频率；b)确定中空玻璃二道密封胶粘结薄弱区域时，测量中空玻璃外片的固有频率。

3 进行固有频率测试时，每块幕墙面板必须测量 3 次以上，精确到 0.1 Hz，如同一块幕墙面板测量的固有频率相差 5%以上，需重新测量，固有频率取 3 次平均值。

4 对所测同一批次的幕墙面板的固有频率进行大小排序，以最小频率对应的幕墙面板位置来确定整个被检测批次范围内幕墙支承结构的最薄弱区域为准则，确定该检测批次幕墙面板支承结构的薄弱区域。

5 依据上述准则，选择对应位置的面板进行拆除，对支承结构进行检查、检测。

附录 B　抗风压性能现场检测方法

B.0.1　工程现场等效静载法检测装置应包括位移计、固定支架、压力计、空气泵、反力支承架和气囊（图 B.0.1），并应满足幕墙构件设计受力条件和支承方式的要求，反力支承架的强度、刚度和整体稳定性应满足实验要求。位移计的精度应达到满量程的 2.5‰，位移计的固定支架应保证位移的测量不受构件及其支承设施的变形、移动所影响。

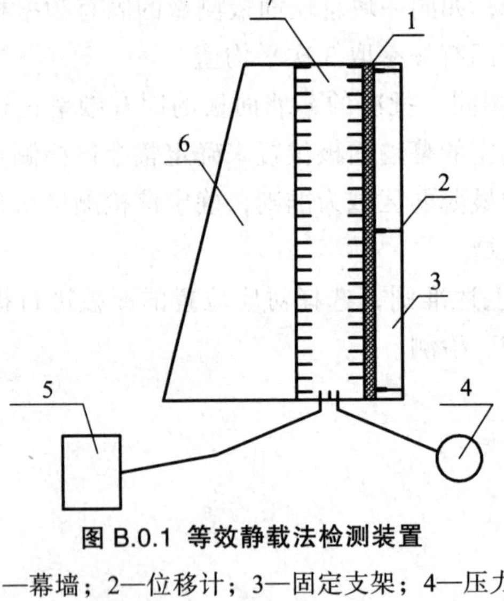

图 B.0.1　等效静载法检测装置

1—幕墙；2—位移计；3—固定支架；4—压力计；
5—空气泵；6—反力支承架；7—气囊

B.0.2　工程现场等效静载法检测应按下列步骤进行：

1 检测前，将可开启部分开关不少于5次，最后关紧；

2 安装位移计，位移计中间测点布置于幕墙构件中间位置，两端测点宜布置在距构件端部10 mm处；

3 将反力支承架与结构可靠连接；

4 将气囊固定在反力支承架与幕墙构件之间；

5 按检测压力顺序（图B.0.2）以500 Pa的压力施加荷载5 min，作为预备加压，待泄压平稳后，记录各测点的初始位移量；

6 压力分级上升，每级不应超过250 Pa，级数不应少于4级，每级压力作用时间不应少于10 s，压力加载至风荷载标准值（W_k）的40%；

7 当变形检测的构件未发生损坏时，可继续进行安全检测，并使检测压力升至风荷载标准值（W_k），持续时间不少于3 s，记录构件所产生的功能障碍或损坏状况和部位；

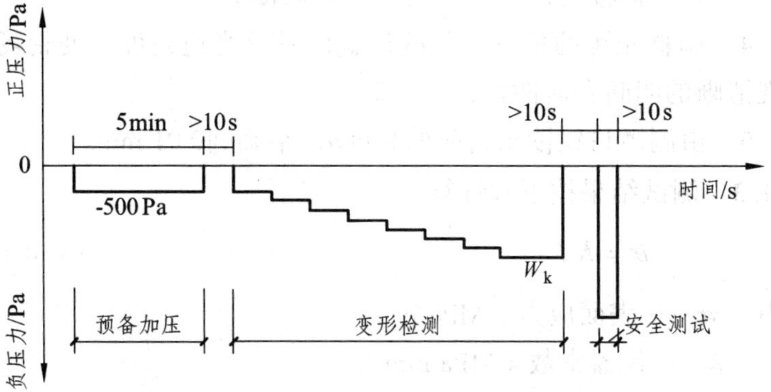

图 B.0.2 检测加压顺序

8 检测结果处理应按现行国家标准《建筑幕墙气密、水密、抗风压性能检测方法》GB/T 15227规定的工程检测方法执行。单独进行可开启部分检测时，检测结果应取3个试件的最不利值。

附录C　钢化玻璃表面应力测试方法

C.0.1　测量点的选择应满足如下要求：

在距长边100 mm的距离上，引平行于长边的2条平行线，并与对角线相交于4点，这4点以及制品的几何中心点即为测量点。若制品短边长度不足300 mm时，则在距短边100 mm的距离上引平行于短边的两条平行线与中心线相交于2点，这2点以及制品的几何中心点即为测量点。

C.0.2　测试程序应符合下列规定：

1　将被测试样的锡扩散层朝上水平平稳放置；

2　将玻璃表面擦拭干净，在被测点滴上1～2滴折射油；

3　将仪器棱镜部位与被测点处可靠接触；

4　调整光源的位置、狭缝位置以及反光镜角度，使视场内出现清晰的明暗台阶图像；

5　由测微目镜读出台阶的高度d，精确到0.01 mm。

C.0.3　测试结果按下式计算：

$$\sigma = Kd \qquad (C.0.3)$$

式中　σ——表面应力（MPa）；

K——仪器常数（MPa/mm）；

d——台阶高度（mm）。

附录D　中空玻璃结构安全隐患现场检测方法

D. 0. 1　检测方法适用对象及使用范围如下：

本方法适用于建筑用中空玻璃因通透性密封失效导致的结构安全隐患检测，可用于间接评价中空玻璃外片整体坠落风险。

D. 0. 2　中空玻璃结构安全性能试验原理如下：

中空玻璃密封未失效和密封通透性失效时，其承载变形性能会存在明显差异。在中空玻璃一面施加固定的载荷，测量中空玻璃受力后直接承载面的板几何中心的间隔层厚度，并根据接近度判定中空玻璃是否存在结构安全隐患。

D. 0. 3　相关试验加载装置可参照如下设置：

采用杠杆-砝码加载装置在中空玻璃表面板几何中心施加垂直集中载荷，如图 D.0.3 所示。在长度可调的杠杆顶端设置有弹性加载球，加载后加载球与玻璃的接触半径为 5 ~ 15 mm。杠杆底端设置有吸盘，吸盘固定于表面平滑的刚性物体上，在杠杆弹性加载球的一端施加砝码。

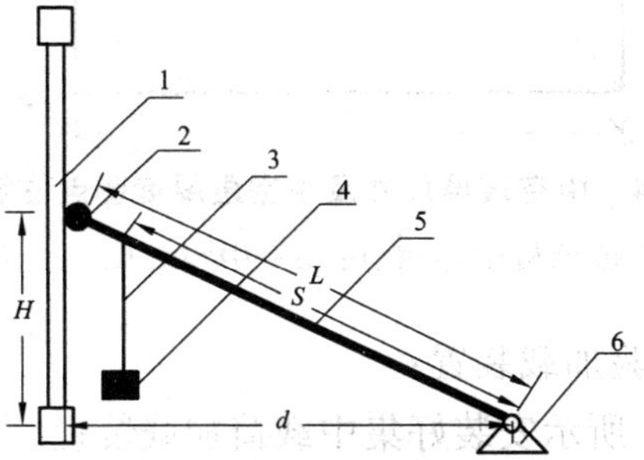

图 D.0.3　现场加载装置示意图

1—中空玻璃；2—加载球；3—挂绳；4—砝码；5—杠杆；6—吸盘

注：根据现场加载条件，也可选择其他可以施加并显示力值的加载装置。

D. 0. 4 中空玻璃结构安全性能测试可参考下列方法及流程：

1 测量中空玻璃尺寸及间隔层初始厚度：

如图 D.0.4 所示，采用精度为 1 mm 的量具测量矩形中空玻璃的长边尺寸 a 和短边尺寸 b，精度为 0.1 mm 的量具测量中空玻璃的玻璃厚度，中空玻璃板几何中心 A 处间隔层（中空层）初始厚度 h_0 及距中空玻璃长边边缘中点 50 ~ 100 mm$B$ 处的间隔层初始厚度 h_1。

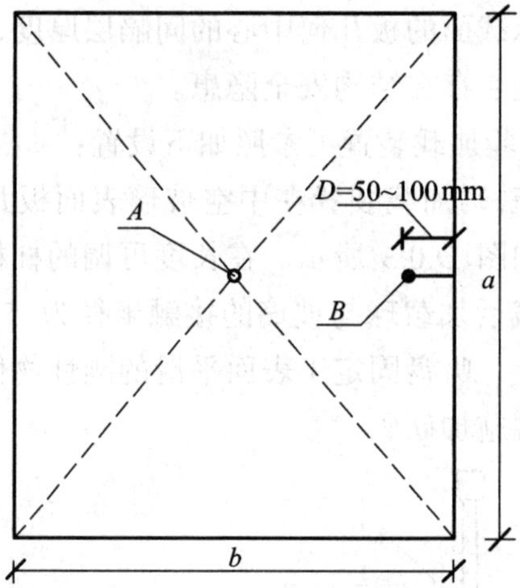

图 D.0.4 中空玻璃尺寸及中空层厚度测点位置示意图

A—中空玻璃板中心测点；B—中空玻璃长边边缘测点

2 安装试验加载装置：

按图 D.0.3 所示安装好集中载荷加载装置，加载球对准中空玻璃直接承载面板中心，并用卷尺测量图示中的 H、d、L、S 的距离，精确至 1.0 mm。

3 施加砝码作为加载配重：

施加砝码质量 M 应处于如下范围内：$M_{min} \leqslant M \leqslant M_{max}$。施加砝码的最大允许质量 M_{max} 和最小质量 M_{min} 计算分别按下列公式计算：

$$M_{max} = \frac{50t_1^2 \cdot L \cdot H}{g \cdot d \cdot S[1.24\ln(0.0637b) + \beta]} \tag{D.0.4-1}$$

$$M_{min} = \frac{20t_1^2 \cdot L \cdot H}{g \cdot d \cdot S[1.24\ln(0.0637b) + \beta]} \tag{D.0.4-2}$$

式中 M_{max}——加载砝码质量最大允许值（kg）；

M_{min}——加载砝码质量最小值（kg）；

t_1——中空玻璃承载面玻璃厚度（mm）；

H——加载点至杠杆下端的垂直距离（mm）；

d——加载点至杠杆下端的水平距离（mm）；

L——杠杆长度（mm）；

S——砝码挂点处至连杆下端的长度（mm）；

b——中空玻璃短边尺寸（mm）；

β——系数，取值见表 D.0.4。

表 D.0.4 β 取值

a/b	1.0	1.1	1.2	1.4	1.6	1.8	2.0	3.0	>3
β	0.435	0.550	0.650	0.789	0.875	0.927	0.958	0.99	1.000

注：a 为中空玻璃长边尺寸。砝码的最大允许质量考虑了集中载荷引起的直接承载面玻璃最大应力不超过普通玻璃设计强度值。

4 计算玻璃面板集中载荷：

根据力矩方程计算施加砝码后杠杆顶端球头施加给中空玻璃的集中载荷 P 为：

$$P = Mg \times (d / L) \times (S / H) \tag{D.0.4-3}$$

式中 P——对中空玻璃面板施加的集中载荷（正压力）（N）。

5 测量加载后中空玻璃间隔层厚度：

测量加载后中空玻璃 A 点处间隔层厚度 h 值。

6 矩形平板中空玻璃接近度应按下列公式计算：

$$\eta_{hp} = \left| h - h_p \right| \tag{D.0.4-4}$$

$$\eta_{hf} = \left| h - h_f \right| \tag{D.0.4-5}$$

式中 η_{hp}——间隔层密封未失效中空玻璃接近度；

h——现场实测加载后中空玻璃 A 点处间隔层厚度（mm）；

h_p——理论计算间隔层密封未失效中空玻璃 A 点处间隔层厚度（mm）；

η_{hf}——间隔层密封失效中空玻璃接近度；

h_f——理论计算间隔层密封失效时的中空玻璃 A 点处间隔层厚度（mm）。

D. 0. 5 中空玻璃外片整体坠落风险判断依据：

当 $\eta_{hf} < \eta_{hp}$ 时，中空玻璃结构存在安全隐患。

附录 E　幕墙玻璃组件的实验室检测方法

E. 0. 1　当现场检测结构胶的邵氏硬度时，应先在工程现场取下一段结构胶，再采用邵尔 A 型硬度计进行检测，且检测方法应符合现行国家标准《硫化橡胶或热塑性橡胶压入硬度试验方法第 1 部分：邵氏硬度计法（邵氏硬度）》GB/T 531.1 的规定。

E. 0. 2　现场拉拔法检测结构胶的拉伸粘结强度和粘结破坏面积，并应按下列步骤进行：

1　选定幕墙玻璃单元，沿附框及结构胶的横向进行切割（图 E.0.2），切割长度（L）宜为 50 mm，且每个玻璃板块最多可取 3 个位置进行切割。

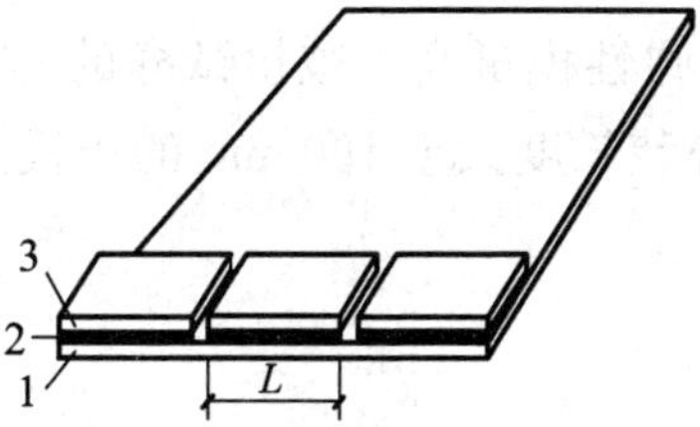

（a）试件

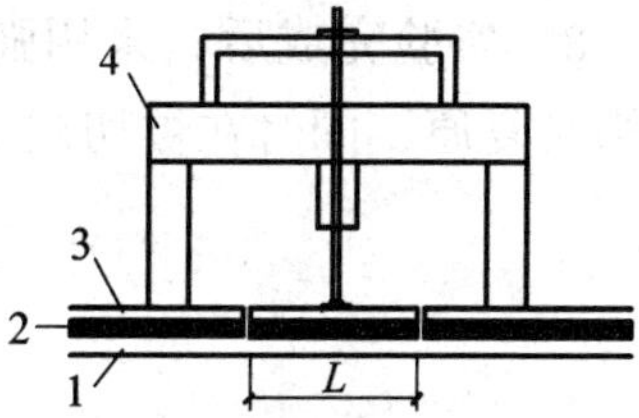

（b）加载示意图

图 E.0.2　拉伸粘结强度现场检测试件

1—玻璃；2—结构件；3—铝附框；4—拉拔仪

2　测量并记录结构胶的宽度、厚度和长度。

3　将拉拔仪通过夹具或强力胶与铝附框连接牢固，且拉拔仪的精度不应大于 1 N，并应配有拉力及位移的记录装置。

4　使用拉拔仪对被切割开的铝附框拉伸加载，拉伸速度宜为 5 ~ 6 mm/min，记录结构胶破坏时的状态和最终的拉力值（P）。

5 结构胶发生粘结面破坏时，采用分度为 1 mm 的透明网格统计剥离粘结破坏面积。

6 结构胶发生内聚性破坏时，其拉伸粘结强度应按下式计算：

$$\sigma_{si}=\frac{P_i}{L\times W} \tag{E.0.2}$$

式中 σ_{si}——单个试件的受拉强度（MPa）；

P_i——单点拉力值（N）；

L——切割长度（mm）；

W——结构胶的宽度（mm）。

7 取 3 个试件检测结果的平均值作为结构胶拉伸粘结强度的检测值。

8 实验完成后，采用强度及弹性模量高于被检试样的硅酮结构胶复原，同时在被切割部位补装长度大于 100 mm 的压板。

附录 F　幕墙拉索索力现场检测方法

F. 0. 1　幕墙拉索索力测试原理如下：

1　振动频率法适用于边界条件简单清晰的索支承幕墙体系，频率法测定拉索索力的理论基础是弦振理论，根据测量得到的拉索振动频率及拉索刚度和边界条件计算拉索索力。

2　“三点弯曲”法适用于边界条件较复杂的索网幕墙体系，该方法利用“纵横弯曲”原理建立拉索索力与横向刚度之间的关系，通过测试索的横向刚度求得拉索索力。该方法在不释放拉索索力条件下，将测试仪器夹持于拉索适当位置，即可进行测试。

F. 0. 2　拉索索力检测可参照如下方法：

1　通常幕墙拉索直径较小且布置方式多横平竖直，因此采用振动频率法测试拉索索力时可忽略拉索抗弯刚度及垂度影响，将其简化为两端简支边界条件按照式 F.0.2 进行索力换算。

$$T = \frac{4ml^2 f_n^2}{n^2} \tag{F.0.2}$$

式中　T——拉索索力值（kN）；

m——拉索单位长度质量（kg/m）；

l——拉索长度（m）；

f_n——拉索第 n 阶自振频率（Hz）；

n——拉索所取自振频率阶数。

2　“三点弯曲”法（图 F.0.2）属于静力方法，可采用弓式测力计进行测量。使用时强迫拉索在仪器滚轮处产生局部弯曲变形，因此拉索抗弯刚度对测量数据影响不可忽略，当拉索抗弯刚度较小时，此方法测量误差较小。需要注意该方法不能用于钢拉杆的内力测量。

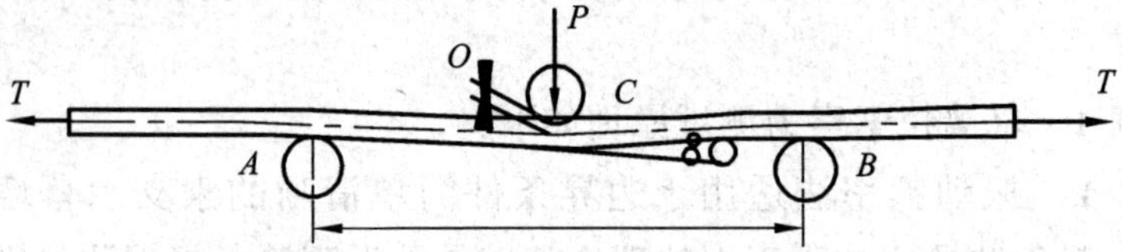

图 F.0.2 “三点弯曲”法测索力

附录 G　中空玻璃板中心受集中载荷后板中心间隔层厚度理论计算

G. 0. 1　间隔层密封失效后中空玻璃板中心间隔层厚度应按下式计算：

$$h_{\mathrm{f}} = h_0 - m\frac{Pb^2}{Et_1^3}\times 10^6 \tag{G.0.1}$$

式中　h_{f}——密封失效中空玻璃板中心间隔层厚度 (mm)；

h_0——加载前中空玻璃板中心间隔层初始厚度（mm）；

P——施加在中空玻璃直接承载面板中心处的集中载荷（N）；

b——中空玻璃短边尺寸（mm）；

E——玻璃弹性模量，取值为 7×10^{10} Pa；

t_1——中空玻璃直接承载面板厚度（mm）；

m——系数，见表 G.0.1。

G. 0. 2　间隔层密封未失效中空玻璃板中心间隔层厚度应按下列公式计算：

$$h_{\mathrm{p}} = h_0 - \left(m\frac{Pb^2}{Et_1^3} - k\frac{\Delta pb^4}{Et_1^3} - k\frac{\Delta pb^4}{Et_2^3}\right)\times 10^6 \tag{G.0.2-1}$$

$$\Delta p = \frac{X_1 - h_1ab - p_0X_2 + \sqrt{(X_1 - h_1ab - p_0X_2)^2 + 4X_1X_2p_0}}{2X_2} \tag{G.0.2-2}$$

$$X_1 = \frac{16Pa^4b^4}{\pi^6 D_1(a^2+b^2)^2} \quad (G.0.2\text{-}3)$$

$$X_2 = \frac{64a^5b^5}{\pi^8(a^2+b^2)^2}\left(\frac{1}{D_1}+\frac{1}{D_2}\right) \quad (G.0.2\text{-}4)$$

$$D_1 = \frac{Et_1^3}{12(1-\nu^2)} \quad (G.0.2\text{-}5)$$

$$D_2 = \frac{Et_2^3}{12(1-\nu^2)} \quad (G.0.2\text{-}6)$$

式中 h_p——密封未失效中空玻璃板中心间隔层厚度 (mm);

h_0——中空玻璃板中心中空层初始厚度（mm）;

t_2——中空玻璃非直接承载面厚度（mm）;

Δp——加载后中空玻璃腔体压力变化（Pa）;

k——系数，见表G.0.1;

D_1——中空玻璃直接承载面板的刚度（N·m）;

D_2——中空玻璃直接承载面板的刚度（N·m）;

ν——玻璃的泊松比，取值为0.24。

注：式（G.0.2-2）~（G.0.2-6）所有长度单位都统一按米计算。

表 G.0.1 参数 m、k 根据长宽比取值

a/b	1.0	1.1	1.2	1.4	1.6	1.8	2.0	3.0	4.0	5.0	>5.0
m	0.126 5	0.138 1	0.147 8	0.162 1	0.171 4	0.176 9	0.180 3	0.184 6	0.184 7	0.184 8	0.184 9
k	0.044 4	0.055 1	0.061 6	0.077 0	0.090 6	0.101 7	0.111 0	0.133 5	0.140 0	0.141 7	0.142 1

本标准用词说明

1 为便于在执行本标准条文时区别对待，对要求严格程度不同的用词，说明如下：

1） 表示很严格，非这样做不可的用词：
正面词采用“必须”，反面词采用“严禁”。

2） 表示严格，在正常情况下均应这样做的用词：
正面词采用“应”，反面词采用“不应”或“不得”。

3） 表示允许稍有选择，在条件许可时首先应这样做的用词：
正面词采用“宜”，反面词采用“不宜”。

4） 表示允许有选择，在一定条件下可以这样做的，采用“可”。

2 条文中指明应按其他有关标准和规定执行的写法为：“应符合……规定（或要求）”或“应按……执行”。非必须按指定的标准和其他规定执行的写法为：“可参照……的规定（或要求）。”

引用标准名录

1 《硫化橡胶或热塑性橡胶压入硬度试验方法第 1 部分：邵氏硬度计法(邵尔硬度)》GB/T 531.1

2 《周期检验计数抽样程序及表》GB/T 2829

3 《中空玻璃》GB/T 11944

4 《建筑幕墙气密、水密、抗风压性能检测方法》GB/T 15227

5 《建筑用安全玻璃　第 1 部分：防火玻璃》GB 15763.1

6 《建筑用安全玻璃　第 2 部分：钢化玻璃》GB 15763.2

7 《建筑用安全玻璃　第 3 部分：夹层玻璃》GB15763.3

8 《建筑用安全玻璃　第 4 部分：均质钢化玻璃》GB15763.4

9 《建筑用硅酮结构密封胶》GB 16776

10 《半钢化玻璃》GB/T 17841

11 《玻璃应力测试方法》GB/T 18144

12 《建筑幕墙》GB/T 21086

13 《建筑物清洗维护质量要求》GB 25030

14 《玻璃缺陷检测方法——光弹扫描法》GB/T 30020

15 《钢结构工程施工质量验收规范》GB 50205

16 《工程结构可靠性设计统一标准》GB 50153

17 《建筑装饰装修工程质量验收标准》GB 50210

18 《玻璃幕墙工程技术规范》JGJ 102

19 《建筑玻璃应用技术标准》JGJ 113

20 《金属与石材幕墙工程技术标准》JGJ 133

21 《点支式玻璃幕墙支承装置》JG 138

22 《玻璃幕墙工程质量检验标准》JGJ/T 139

23 《吊挂式玻璃幕墙支承装置》JG 139

24 《建筑幕墙工程检测方法标准》JGJ/T 324

四川省工程建设地方标准

四川省既有玻璃幕墙安全性检测鉴定标准

Standard for safety performance testing and appraisal of existing glass curtain walls in Sichuan Province

DB51/T 5068－2018

条 文 说 明

制定说明

《四川省既有玻璃幕墙安全性检测鉴定标准》DB51/T 5068—2018，经四川省住房和城乡建设厅 2018 年 12 月 6 日以建标发〔2018〕1044 号文公告批准发布。本标准是在《既有玻璃幕墙安全使用性能检测鉴定技术规程》DB51/T 5068—2010 的基础上修订而成，上一版的主编单位是四川省建筑科学研究院，参编单位是四川省建筑金属结构协会、四川省建设工程质量安全监督总站、四川武城装饰工程有限责任公司、四川华西建筑装饰工程有限公司，主要起草人员是陈述清、邓莉、范伟、赖伟、田学刚、魏明宇、雷勇、罗焱、陈甫、郑铁华、陈大友、林东、邱耘、杨明勇、周琦、李阳明。

本标准在修订过程中，编制组进行了广泛的调查研究、项目试评工作，总结了我省玻璃幕墙安全性检测鉴定的实践经验，同时参考了国内外先进技术法规、技术标准，并在广泛征求意见的基础上，完成本标准的修订工作。

为便于广大设计、施工、科研、学校等单位有关人员在使用本标准时能正确理解和执行条文规定，《四川省既有玻璃幕墙安全性检测鉴定标准》编制组按章、节、条顺序编制了本标准的条文说明，对条文规定的目的、依据以及执行中需注意的有关事项进行了说明。但是，本条文说明不具备与标准正文同等的法律效力，仅供使用者作为理解和把握标准规定的参考。

目　次

1 总 则

1.0.1 本标准适用于已建成的玻璃幕墙安全性的检测鉴定。既有玻璃幕墙会因为使用年限、维修、改造、受灾等原因要求对其安全性进行评估。为保证评估工作有章可循，科学合理，有必要统一鉴定方法和标准。为此，在广泛调查研究、总结实践经验的基础上制定了本标准。

2 术语和符号

2.1 术 语

2.1.1～2.1.16 本标准采用的术语及其涵义，是根据下列原则确定的：

1 凡现行工程建设国家标准已规定的，一律加以引用，不再另行给出定义或说明；

2 凡现行工程建设国家标准尚未规定的，由本标准自行给出定义和说明；

3 当现行工程建设国家标准已有该术语及其说明，但定义所概括的内容不全时，由本标准完善其定义和说明。

2.2 符 号

对本标准采用的符号，需说明以下两点：

1 本标准采用的符号及其意义，是指根据现行《工程结构设计通用符号标准》GB/T 50132 规定的符号用字规则及其表达方法制定的，但编制过程中，注意了与相关标准的协调和统一。

2 由于对既有幕墙的安全性鉴定采用了划分等级的评估模式，故需对每一层次所划分的安全性等级给出代号，以方便使用。为此，参考了现行《民用建筑可靠性鉴定标准》确定了本标准采用的等级代号的主体部分。至于代号的下标，则按现行《工程结构设计通用符号标准》GB/T 50132 规定“由缩写词形成下标”的规则，经简化后予以确定。由于这些代号应用范围较为专一，故上述简化不致引起用字混淆。

3　基本规定

3.1　一般规定

3.1.1　1　《四川省住房和城乡建设厅关于进一步做好全省既有建筑玻璃幕墙安全工作的通知》川建房发〔2016〕972 号文件规定："玻璃幕墙达到设计使用年限的，安全维护责任人应当委托原工程设计单位或者工程质量检测机构、房屋安全鉴定机构对玻璃幕墙进行安全性能鉴定。"

2　住建部《既有建筑幕墙安全维护管理办法》建质〔2006〕291 号文件规定："建筑幕墙工程自竣工验收交付使用后，原则上每十年进行一次安全性鉴定。"

6　从钢化玻璃诞生开始，就伴随着自爆问题。钢化玻璃自爆可以表达为钢化玻璃在无外部直接作用的情况下而自动发生破碎的现象。在钢化玻璃加工、储存、运输、安装、使用等过程中均可发生钢化玻璃自爆。自爆按起因不同可分为两种：1）由玻璃中可见缺陷引起的自爆，例如结石、沙粒、气泡、夹杂物缺口、划伤、爆边等；2）由玻璃硫化镍（NiS）杂质和异质相颗粒引起钢化玻璃自爆，经过国内外专家对 250 例自爆的研究发现引起自爆的硫化镍直径为 0.04 ~ 0.65 mm，平均粒径为 0.2 mm，新发现异质相颗粒也能引起钢化玻璃自爆。这两种不同类型的自爆，应明确分类，区别对待，采取不同方法来应对和处理。前者一般目视可见，检测相对容易，故生产中可控。后者则主要由玻璃中微小的硫化镍颗粒体积膨胀引发，无法目测检查，故不可控。在实际运作和处理上，前者一般可以在安装前消除，后者因无法检验而继续存在，成为使用中的钢化玻璃自爆的主要因素。

据调查，钢化玻璃自爆时间没有确定性，可能是刚出炉，也可能是出厂后 1～2 月，也有出厂 1～2 年才自爆的，引起钢化玻璃较多自爆的时间可能是产品生产完成后的 4～5 年。据不完全统计，大部分厂家产品的自爆率概率为 3‰左右，个别厂家产品的概率可能还要高。根据以上特点，我们可以在钢化玻璃自爆率较大或有必要时，对钢化玻璃自爆进行专项检查。检测方法可以参考国家标准《玻璃缺陷检测方法——光弹扫描法》GB/T 30020。

3.1.2 安全性检测鉴定可对玻璃幕墙进行全面的综合鉴定，也可针对灾害事故后或出现损坏的构件和节点进行局部鉴定；检测鉴定主要针对重要的构件（如硅酮结构密封胶、玻璃和连接件）、结构和构造、构件和节点的变形。

3.1.3 《玻璃幕墙工程技术规范》JGJ 102 有明确的检查周期规定。当由检测鉴定机构进行检查时，该检测鉴定机构应出具相应检测鉴定报告。

3.2 检测鉴定程序及其工作内容

3.2.1 检测鉴定程序执行时可根据玻璃幕墙规模、种类、检测难易程度等情况，进行具体安排鉴定。

1～5 工作内容的安排应遵从以下原则：对于设计文件、工程质量保证资料齐全的玻璃幕墙检测鉴定，应以这些技术资料的核查、现场相符情况检查为主；对于设计文件、工程质量保证资料不齐全的玻璃幕墙检测鉴定，应以现场检测手段为主。制订方案时，可根据实际情况有针对性地确定检测项目。

3.4 安全性鉴定评级标准

3.4.1 根据幕墙检测鉴定的实践经验，幕墙鉴定时分级的档数宜适中，不宜太多或过少，本标准采用的鉴定的分级方法，是将幕墙划分为构件、子单元、鉴定单元三个层次，每个层次四个等级。根据每一层次各检查项目的检查评定结果，确定幕墙整体的安全性等级。

3.4.2 子单元的划分以评定有效、方便为原则。

4 玻璃幕墙材料的检测

4.1 一般规定

4.1.1 玻璃幕墙主要结构材料（铝合金型材、钢材、玻璃、硅酮结构密封胶）在早期工程应用中存在以下问题：

1 铝合金型材方面：少量工程主要受力杆件的铝合金型材壁厚达不到现行标准规定的要求，且铝合金挤压型材的厚度普遍存在负偏差；铝合金型材牌号不一致造成应用中的混乱，实际应用中存在设计为高强度铝合金型材但使用低强度铝合金型材的情况。

2 钢材方面：防腐措施采用冷镀锌、防腐涂料；主要受力杆件采用铝合金型材，节头内芯采用钢材。

3 玻璃方面：早期玻璃幕墙使用浮法玻璃、半钢化玻璃的工程较多；中空玻璃、夹层玻璃设计中存在外片采用钢化玻璃或厚度大、内片采用浮法玻璃或厚度小的情况，存在安全隐患；浮法玻璃的边缘在工程实例中发现多处未处理，钢化玻璃应用时存在自爆、热炸裂现象。

4 硅酮结构密封胶方面：早期硅酮结构密封胶以进口产品为主，情况较好，但也有老化现象。部分工程也使用了假冒伪劣产品，劣质产品的老化速度较快。

4.1.2 玻璃幕墙主要结构材料的检查检测应以检查材料出厂合格证和复验报告为基础，并检查实际应用材料与设计和标准的相符性，必要时进行现场、实验室的检测。此部分检测目的是为结构承载力验算提供所需的材料品种、几何特征参数、材料强度标准值等参数。

4.2 铝合金型材、钢材

4.2.3 除了《玻璃幕墙工程质量检验标准》JGJ/T 139 规定的有关检测内容，本标准补充了涉及幕墙结构安全的铝合金型材电化学腐蚀的检查要求。检查部位包括螺栓连接、与主体结构的连接处、避雷跨接点等处的铝合金型材。

4.2.4 当材料无出厂证明、无检验报告或无法说明材料品质和硬度不符合标准要求时，应截取非主要受力部位的型材进行力学性能检测。

4.3 玻　璃

4.3.1 确定玻璃品种时，需进一步区分是钢化、半钢化或普通平板玻璃，目前在技术上能实现。对于应用于幕墙上的真空玻璃，有需要时，可按现行国家标准《真空玻璃真空度衰减率现场检测方法 光弹法》GB/T 32062 对真空玻璃真空度保有情况进行检测。

4.3.2 因为钢化玻璃发生破碎或者失效的原因较多，具体工程中的玻璃数量巨大。当有需要时，排除隐患需要很大的工作量，采用该方法可以减少现场的工作量。同时将近年出现的中空玻璃相关检测手段引入本标准作为需要时的参考检测手段。

4.4 硅酮结构密封胶

4.4.1 经研究表明，随着硅酮结构密封胶的老化，其邵氏硬度值会变大。因此检测硅酮结构密封胶的邵氏硬度可简捷、迅速地反映其老化情况。《建筑用硅酮结构密封胶》GB 16776 规定，硅酮结构密封胶的邵氏硬度指标值为 20 ~ 60。通常硅酮结构密封胶与母材的拉伸强度并不是粘结质量的决定性因素，硅酮结构密封胶与玻璃或铝材之间的粘结性往往是确定粘结面质量的关键因素，如硅酮结构密封胶与玻璃、铝型材之间的粘结性不符合规定，此时破坏面均发生在粘结界面处且粘结界面强度往往小于母材强度。

5 玻璃幕墙构造和结构变形检查、检测

5.1 一般规定

5.1.1～5.1.2 工程设计文件、质量保证资料（材料质保书和检测报告、隐蔽验收记录等）是玻璃幕墙工程检测评估的重要依据，检查这些技术文件可减少大量现场检查和检测工作。现场检测可以少量抽样复核，重点对性能可能发生退化的材料、可能出现松动滑移的节点进行检测。经调研发现，早期玻璃幕墙工程在工程技术文件的整理、归档方面较为欠缺。当玻璃幕墙工程经调查无合格的施工验收记录和施工过程质量记录时，应对幕墙结构和构造做详细检查或检测。如有明显质量问题时，除检查外尚应辅以其他的检测手段，检查内容按工程实际情况确定。

5.2 构造和变形的检查、检测

5.2.1 经调研发现玻璃幕墙的构造方面在早期本省工程应用中存在以下问题：

1 由于条件的限制，现场打注硅酮结构密封胶；

2 立柱与立柱连接无伸缩缝，立柱与横梁直接焊接，铝合金立柱连接芯管或立柱加强芯管采用结构钢，立柱未按拉弯构件形式安装等；

3 连接件、螺栓的应用不标准；

4 玻璃幕墙与主体结构的连接大多数采用膨胀螺栓、化学螺栓等非预埋形式固定（现在仍然是这种状况）；

5 钢材连接件出现锈蚀、不同种类金属间电化学腐蚀现象。

构造检查是确保玻璃幕墙结构安全性能的重要内容，仅有良好的材料和构件但缺少合理的结构和构造，就不能达到结构承载能力的要求。

5.2.2 结构或构件的实际变形情况是对其使用状态较直观的反映，当超载、节点连接失效或安装偏差过大导致构件附加应力增大时都可能出现明显变形。虽然结构或构件的最后破坏可能不是直接由变形所引起，但不少的工程实例表明，确是因为首先观察到变形的异常发展并及时采取了措施，才避免了结构或构件的破坏。因此，通过对结构或构件变形的检测，以评估其是否适于继续承载，是有其实用价值的。

5.2.4 根据实际工程中发现开启扇部位容易出现问题的情况，特别增加开启扇构造及材料检测。

6 玻璃幕墙结构承载能力验算

6.1 一般规定

6.1.1 玻璃幕墙的承载力验算应符合《玻璃幕墙工程技术规范》JGJ 102 等国家现行相关标准的要求。

6.1.2 玻璃幕墙主要结构材料——铝合金型材、钢材、玻璃、硅酮结构密封胶的力学性能在标准中均有规定。若经检查和检测，其材料的力学性能符合相关标准和设计要求时，应按设计要求取用；当资料不齐全，或经检测不符合设计要求但符合相关标准要求时，应按实际检测结果取用。

6.1.3 玻璃幕墙应按实际状态进行分析验算。通过抽样检测可掌握材料偏差、施工偏差等因素的不利影响。

6.2 玻璃面板

6.2.1 点支承玻璃通常采用四点支撑方式，孔边应力往往是计算时的控制应力，孔边应力决定开孔位置、孔边处理等因素。当有需要时，除按现行国家标准进行简化计算外，还宜采用有限元方法进行补充计算。

6.3 支承结构

6.3.2 玻璃幕墙的立柱一般按拉弯杆件设计、安装，但工程应用中某些特殊部位可能按压弯杆件安装，此部分立柱应进行压弯验算。

6.3.4～6.3.5 近年来，点支承玻璃幕墙在大型公用建筑中应用越来越广泛，点支承玻璃幕墙的支承结构主要分为杆件体系（刚性体系）、索杆体系（柔性体系）二类，现行国家、行业标准中杆件体系的计算较为成熟，点支承玻璃幕墙中的相关计算内容应遵照执行相关国家、行业标准。

索杆体系按构造方式分为自平衡形式、非自平衡形式。自平衡形式是指拉索、拉杆的预应力不传递到主体结构上，由索杆体系中刚性杆件平衡。非自平衡形式是指拉索、拉杆的预应力传递到主体结构上，由主体结构平衡。

6.3.6 计算分析时需考虑几何非线性才能反映由预应力形成的支承结构的几何刚度。

7 鉴定评级

7.1 构件安全性鉴定评级

7.1.2 在玻璃幕墙的安全性事故中，由于构造不当或失效而引起的各种破坏占有相当的比例。构造的正确性与可靠性是结构件正常承载能力的最重要的保证，一旦构造（特别是节点连接构造）出了严重问题，便会直接危及结构的安全。因此，有必要将构造单独设置为检查项目并对其安全性进行评定。

7.2 子单元安全性鉴定评级

7.2.1～7.2.4 子单元安全性等级的评定参考了现行国家标准《民用建筑可靠性鉴定标准》GB 50292 中关于围护系统的承重部分的相关规定。

8 检测鉴定报告编写要求

8.0.1 本标准对检测鉴定报告的格式不强求统一，但应包括本条规定的内容，以保证鉴定报告的质量。

8.0.2 长期以来的鉴定经验表明，尽管严格的按照检测结果评价，但鉴定人员的结论会有一定的差异。鉴定结果与处理要求密切联系，特别是 C_{su} 级或接近 C_{su} 级边缘的玻璃幕墙，其如何处理在很大程度上左右着鉴定的最后结论。一般来说，鉴定人员对容易加固的结构，其结论往往是建议保留原件；对很难修复但容易更换的构件，其结论往往倾向于更换；对很难修复且难以更换构件的结构，其结论往往倾向于拆除；如此等等。这说明鉴定人员总要考虑结构的适修性问题。所谓的适修性，是指一种能反映玻璃幕墙适修程度与修复价值的技术与经济综合特性。对于这一特性，委托方尤为关注。因为玻璃幕墙的鉴定评级固然重要，但他们更需知道的是该玻璃幕墙能否修复和是否值得修复的问题，要求在鉴定报告中有所交代。玻璃幕墙的安全性等级评定为 B_{su} 级、C_{su} 级或 D_{su} 级时，可根据具体情况对处理措施提出建议。